世界真奇妙：
送给孩子的手绘认知小百科

河流

蟋蟀童书 编著 刘晓 译

中国纺织出版社有限公司

图书在版编目（CIP）数据

世界真奇妙：送给孩子的手绘认知小百科．河流 / 蟋蟀童书编著；刘晓译．-- 北京：中国纺织出版社有限公司，2021.12

ISBN 978-7-5180-6593-6

Ⅰ．①世… Ⅱ．①蟋… ②刘… Ⅲ．①科学知识－儿童读物②河流－世界－儿童读物 Ⅳ．①Z228.1 ②K918.4-49

中国版本图书馆CIP数据核字（2019）第184137号

策划编辑：汤　浩　　责任编辑：房丽娜　　责任校对：高　涵
责任设计：晏子茹　　责任印制：储志伟

中国纺织出版社有限公司出版发行
地址：北京市朝阳区百子湾东里 A407 号楼　邮政编码：100124
销售电话：010—67004422　传真：010—87155801
http://www.c-textilep.com
中国纺织出版社天猫旗舰店
官方微博http://weibo.com/2119887771
北京佳诚信缘彩印有限公司印刷　各地新华书店经销
2021年12月第1版第1次印刷
开本：787 × 1092　1/16　印张：14.75
字数：250千字　定价：168.00元 / 套（全8册）

大自然的血脉

从冰川到峡谷，从高原到平原，从山地到入海口，
河流的生命线条布满了整个大地。
它如同大地的血脉一般，
孕育了自然界的无数生命。
生命受河流滋养而成长、发展，
与河流共生存。
河流为附近造就了千姿百态的自然风光，
和丰富多彩的人文现象。

趣闻逸事

伊丽莎白·普勒斯顿　文

如果深色会吸热，浅色能降温，那你到底热不热呀？

我觉得刚刚好！

给马路降降温

加利福尼亚州洛杉矶市的一些马路最近化了个“清爽”的妆。人们给马路用特殊的材料刷成了浅灰色。为什么要这样做呢？因为人们希望用这种方法给整个城市降降温。

深色的表面会吸收大量的阳光，而浅色的表面能反射阳光。这就是为什么站在太阳下，穿黑T恤的人比穿白T恤的人感到更热的原因。

如果把马路都刷成雪白色，它们会降温吗？

很多城市都铺满了黑色的沥青马路。夏天，黑色的街面会吸收更多的热量。但是如果马路能够反射热量呢？通过测试，人们发现，把停车场的地面刷成浅灰色，能够让停车场的温度下降5.5℃。如果这个方法能起作用的话，就能有效阻止城市里的热浪了！

船越多，闪电就越多

航行在大海上的船能引来闪电吗？在研究了2005年到2016年间出现的15亿次闪电后，科学家们产生了这样的疑问。通过追踪闪电，他们发现很多闪电都出现在世界上最繁忙的两条航道上。在这两条航道上，闪电出现的次数是附近海域的两倍。

研究人员认为是船发动机的废气引发了更多的闪电。废气中的微小颗粒升到云端，水蒸气在小颗粒上凝结，变成一颗颗小冰晶。这些小冰晶相互摩擦，产生了静电。然后，嗞嗞嗞——闪电劈下来了！

喷嚏说了算

无论是生活还是捕食，非洲野狗都成群结队。所有的决定都是大家一起做的。那它们怎么投票呢？通过打喷嚏！

非洲野狗在打猎之前要先开会。兴奋的野狗摇着尾巴相互打招呼。接下来，它们会一起去捕猎，也可能不去。因为开会的结果可能是不出去打猎。为了弄清楚它们是如何做决定的，科学家们研究了博茨瓦纳的野狗集会。他们发现如果野狗打喷嚏的次数多，那么野狗团队出去打猎的几率会更大。打喷嚏好像就是赞成打猎的意思。

如果领头的野狗提议去打猎，那么只要3个喷嚏就能做出出发的决定。如果是别的野狗提议去打猎，就需要10个喷嚏才能行动。

哈啾！

绝对赞成。

在船上总能看到很多闪电，也许就是这些船引起了闪电！

内斯特码头

杰弗里·艾博勒 文

然后它去了一个大都市旅游。
还遇到了一些友好的小鸟。
之后，它就踏上了回家的路。
这里面好像还有什么东西。
啊啊啊啊！
是一窝鳝鱼！
它接下来会去哪里呢？
总是想什么就有什么！

河流知多少

丹尼斯·奥塔卡勒斯 绘

雨

雪

源头：山上的积雪融化，雨水降落在大地上，土地和岩石中渗出水来。这些水变成涓涓细流从山上流淌下来，汇集在一起，形成了河流。

溪流

急流：急流从岩石表面流过会形成波浪，产生大量白色的水花。

老鹰

急流

支流：小溪汇合成大溪流，大溪流汇合成河流。汇入河流的溪流叫作支流。

鲑鱼

地下水：水渗透进土壤和岩石，进入地下河道，一些地下水会涌出，变成泉水，另一些从地下流入河流。

泉水

河流把淡水运送到地球的各个角落。河流大小不一，有的布满了石块，有的混合了泥沙，水流有的急，有的缓，每一条河流都各不相同，但对陆地上的生命来说都同样重要。

河狸坝：河狸用树枝建成的水坝，用来拦断溪流，形成一个小池塘。河狸坝不会把水完全挡住，这样，池塘就成了鱼儿、鸟儿和两栖动物们的家园。
河狸坝
支流
浣熊
曲流：有时候，河流弯弯曲曲向前流淌。这些拐弯的地方就叫作曲流。
牛轭湖：河流可以改变路线。有时候，弯曲的河流被切断，就形成了弯弯的牛轭湖。
小龙虾
蚌
牛轭湖
水獭
冲积平原：湍急的河水会把泥土、沙子和石头冲到下游。到了平坦的地方，河流速度变慢，沉积物就会沉到河底，形成肥沃的土壤。

径流：有时候雨水会把土地上的肥料、动物粪便和其他污染物冲到河里。这样形成的流水叫做径流。

工厂在生产过程中需要用到大量的水。工厂会净化产生的污水，然后再把这些水排到河流中。

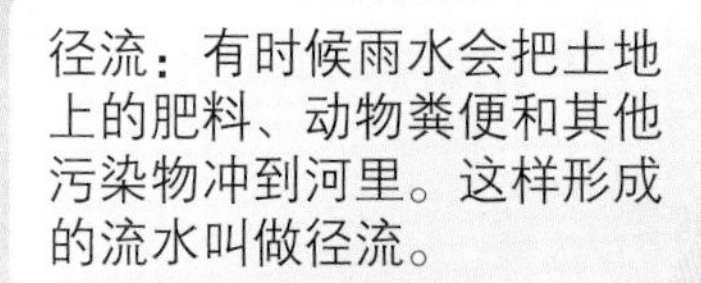

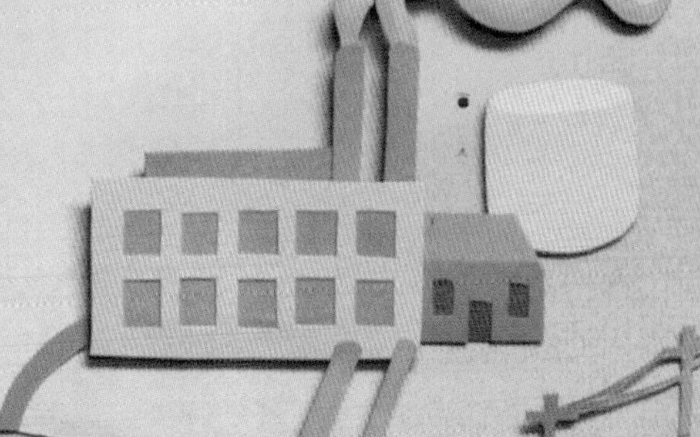

径流

农场用河里的水灌溉庄稼，有的农场直接挖河道，把河水引进来，有的农场用长长的管子运水。

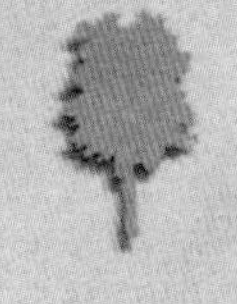

饮用水：许多城镇的饮用水都来自河流。河水在自来水厂里净化后就能饮用了。

驳船：一种又大又平的船，可以把煤炭、钢材、碎石和其他重物运到工厂里或者镇子上。

坝式水电站：大坝能够蓄水、发电，还能抵御洪水。河水流过大坝，涡轮机会转动产生电力。
人工湖：大坝建好后，大坝背后的河流就会变成一个湖。但这会改变地貌，影响到生活在这里的野生动物。
青蛙
河口：河流汇入大海的地方叫作河口或者三角洲。通常河流在流过沼泽平原时会分成很多支流。河流把大量的泥沙带进大海。
堤坝：一些建在河边的小镇会筑起一道道墙防止河水漫过河岸，流进村庄。这些墙就叫作堤坝。
苍鹭
湿地：河流经过的湿地用处可大了，这里是许多鸟儿和动物的家园。湿地可以吸水，从而防止洪水发生，而且湿地还能把流进大海的河水过滤干净。
鳐
沙洲

忙碌的河狸

玛丽·巴滕　文
戴夫·克拉克　绘

河狸们会建水坝？它们是从人类那儿学的吗？

恰恰相反，建水坝是人类从河狸那儿学来的。

一千万年前，河狸们就开始建水坝了。

春天里的一天，河狸妈妈和河狸爸爸带着自己的两个宝宝出发去寻找一条完美的溪流，它们将在那里建造新的家园。不是随便一条溪流都可以，它们必须找到最合适的。

河狸是北美洲最大的啮齿动物。它们有着可以咬断大树的锋利的牙齿。和人类一样，河狸也会建水坝。

一个完美的新家

河狸会找到一处合适的浅滩，在那里建造水坝，浅滩附近还要有许多树木。河狸会咬断大树来建水坝。它们还会吃掉树叶和树皮底下甜甜的皮层。但不是所有树木都甜美可口。白杨、杨木、枫树和柳树是河狸的最爱。

河狸一家终于在杨树林里找到一处完美的浅滩。那里的溪水缓缓流淌，更幸运的是，有一棵大树横倒在小溪里了。它们就可以从这棵树开始修建水坝了。

一家四口都勤劳地工作着。为了避开狼和老鹰之类的天敌，它们总是晚上开工。它们用四颗锋利的前牙和强有力的下颚，围着树干啃啊啃。

一只河狸能在 20 分钟内咬断一棵直径为 15 厘米的树。对于那些非常粗壮的大树，河狸会尽量把树干啃细，然后让风把大树刮倒。河狸的牙齿坚硬又锋利，而且在不停地生长，所以不会因为啃树被磨掉。

河狸就像是毛茸茸的伐木工人，它们会把倒在地上的树木拖到溪水中，用石头或者泥土堵住树枝间的缝隙。完工后，水坝身后的溪水被拦住了，形成一个平静的小池塘，变成沼泽地。

你的咬力可真强!
肯定没我啃的多!

河狸的牙齿在不停地生长。实际上，它们需要经常磨牙，否则它们的牙齿就会变得很长。

伐木工人每天能砍倒多少树木呢?

树枝搭成的窝

建好水坝后，河狸就开始搭窝了。在溪水的正中间，它们用泥土、岩石和树枝建造了一个凌乱的圆屋顶，在最顶上开了个小洞，用来通风。圆屋顶里面是中空的。入口藏在水底下，这样它们就能避开天敌了。它们会先在窝的底部用好多石头和泥巴搭建一个平台，然后再铺上树枝和干草，一个舒适的小窝就搭好啦！河狸一家将在这里过冬，从此幸福地生活下去。

你，去找树枝！你，去堵上那个洞！动起来呀！
我喜欢你的风格。

河狸是非常出色的游泳健将。它们游得比跑得快。所以它们直接在森林里挖一条地道连通池塘。带着树枝在水里游比拖着树枝在地上跑轻松多了。它们还挖了很多通往池塘的逃生通道，危险来临时，它们能迅速逃跑。

河狸坝的长度从几厘米到一千多米不等。迄今为止，人类发现的最大的河狸坝有两个胡佛水坝那么长，从太空中都能看到它。

河狸们还把池塘当作冰箱！在建水坝和搭窝的时候，河狸一家也同时在储存过冬的食物。它们需要吃很多的树叶和树皮。所以，整个夏天，它们都在收集长满树叶的树枝，把这些食物藏在自己小窝附近的水中。冰凉的溪水能让树枝保持新鲜。在寒冷的冬天，即使池塘结冰了，他们也能在家附近的水里找到足够的食物。

河狸的水坝工程永远不会完工。它们总是对水坝修修补补：堵住漏洞，添点树枝，搬搬石头等。河狸一听到流水声，就担心自己的水坝漏水，于是会赶紧修。

建好一个水坝，河狸就开始建下一个水坝。有的河狸家庭会在同一条溪流上建好几个水坝，搭两到三个窝。

大自然的工程师

河狸是真正的建筑专家。除了人类，河狸对陆地的改造最多。它们的池塘可以储水，它们开发的湿地成了鱼儿和各种植物的家园。河狸坝还能留住泥土和沉积物，不让它们被水冲到下游，这样能防止水坝附近的土地流失，还能净化河水。

许多其他动物也非常喜欢河狸的池塘。水中的鱼儿和小虫子在水草中游来游去；青蛙和乌龟可以在池塘里晒太阳；小鸟飞到这里洗澡，捕食；小鹿和浣熊来池塘边喝水；驼鹿走进水里吃水藻。在干旱的季节里，河狸的池塘让每一种动物都能喝上水。

很好！你们准备好建下个一水坝了吗？

如果河狸一家吃完了池塘附近所有的食物，它们就会去寻找新的家园。后来，被它们丢弃的水坝开始漏水，池塘干涸，变成一片肥沃的土地——河狸草地。池塘底部沉积物中的种子开始发芽。

河狸们整天忙着做这些工作，它们是大自然的水利工程师。

驼鹿走进河狸坝，享受美味的水草。

谢谢你，小河狸！

有时候，河狸会一连建好几个水坝。

从太空中

通常我们只能看到河流的一小部分，因为它们从我们身旁流过。然而，在太空中你可以把所有弯弯曲曲的河流都看得一清二楚。下面这些就是地球卫星在太空中给河流拍的照片。

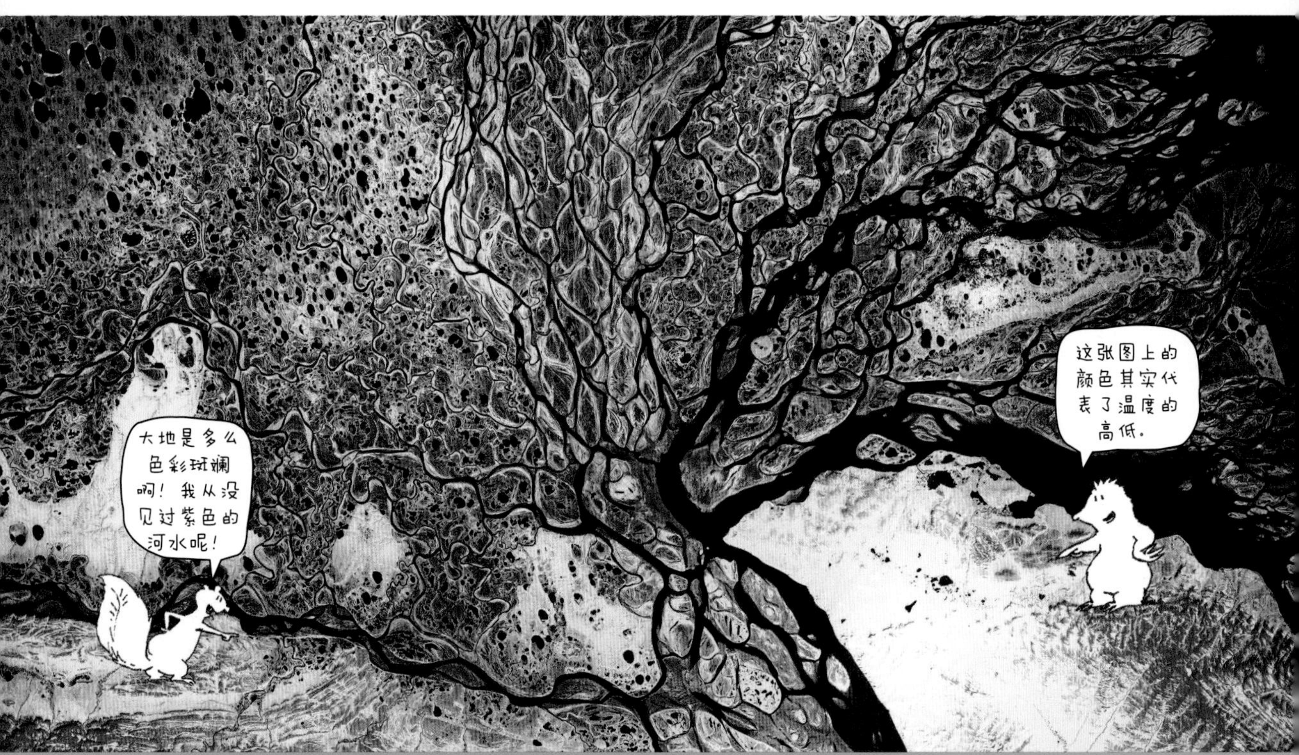

俄罗斯的勒拿河。勒拿河是地球上最长的河流之一。照片上是它入海口的三角洲。这是一张红外线照片，不同的颜色代表不同的温度。蓝色代表温度低——那河水也太冷了吧！

看河流

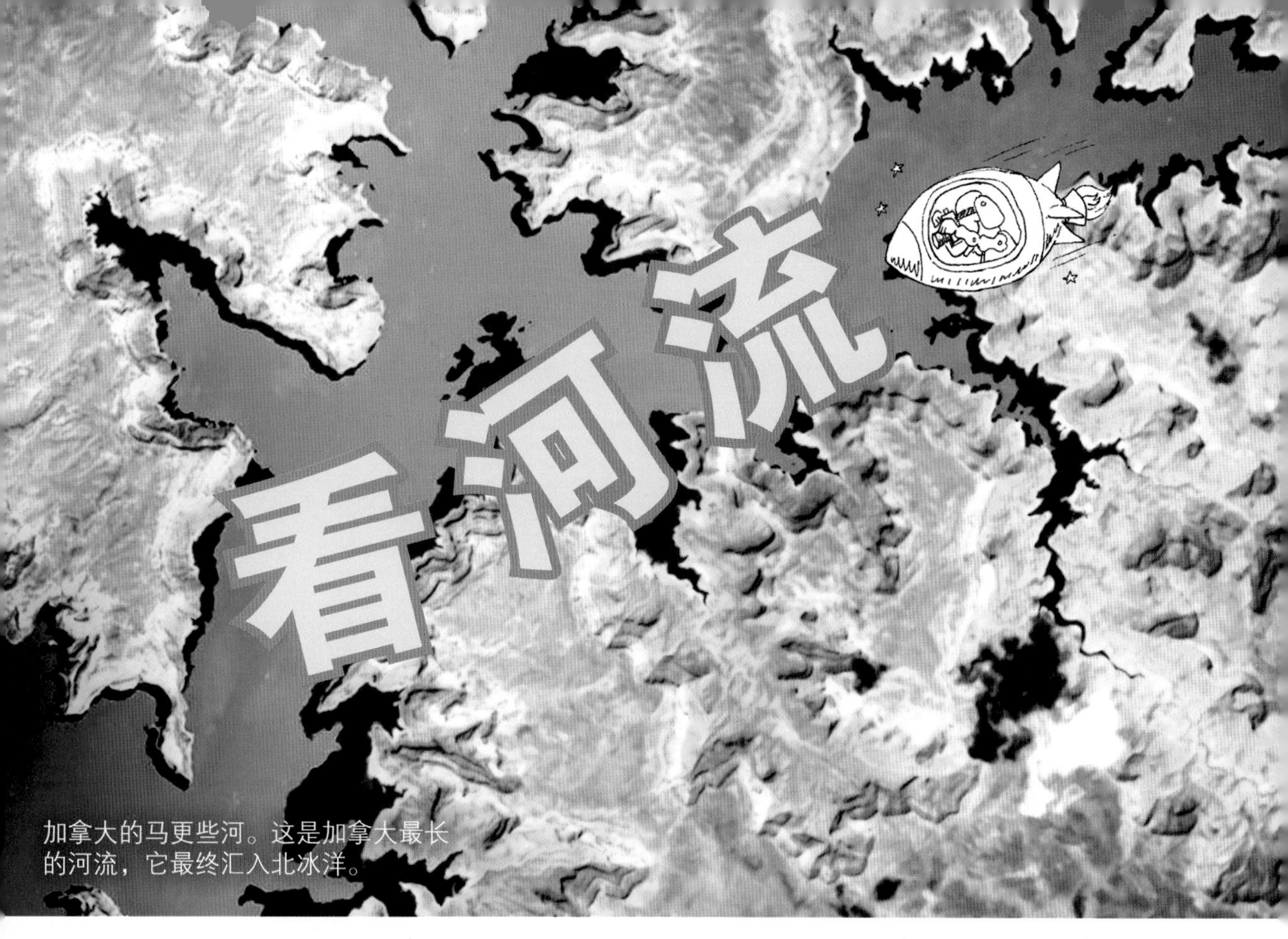

加拿大的马更些河。这是加拿大最长的河流，它最终汇入北冰洋。

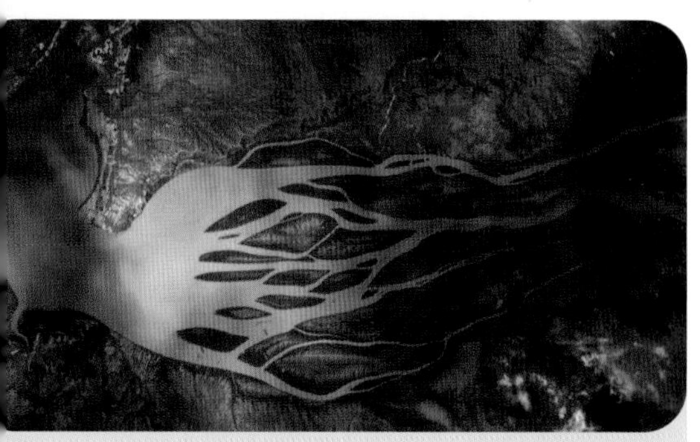

国马达加斯加的贝齐布卡河河口。河流在入海时，大量的沉积物冲到海里，形成了一座座小岛。

美国犹他州的格林河。这条河把岩石冲成了深深的峡谷。

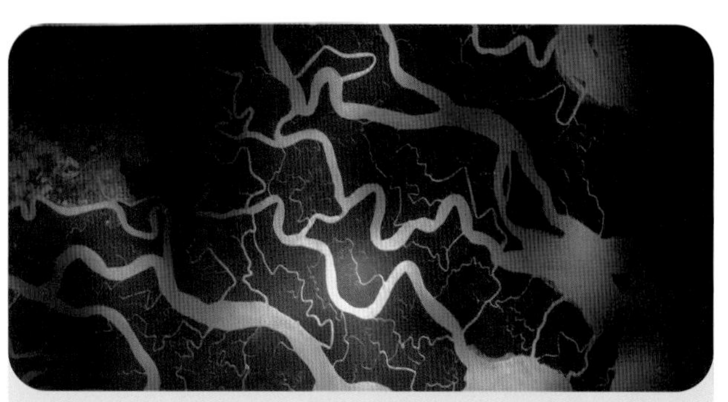

印度的恒河三角洲。深绿色的部分是孙德尔本斯红树林，那里住着许多老虎。

建设胡佛水坝

马克·希克斯 绘

你好！我是科罗拉多河。我流过了美国西部七个州，还经过了墨西哥。

我从山上流淌下来，经过了沙漠和无数深深的峡谷，一路奔向太平洋。大峡谷是我雕刻出来的，我真是太厉害了！我可没吹牛，我花了好长时间才完成这项工程，瞧！它看起来多壮观呀！

我的力量强，速度快，水流中带着很多土壤、石头和淤泥，所以我看上去非常浑浊。有人说我“太浑浊了不能喝，水太少了没法耕种”。过去，我把所有的泥沙都冲到了加利福尼亚州，所以那里的土地很肥沃。

春天，有时候融化的雪水太多，我就会漫过河岸，带来洪水。

但现在我再也不会发洪水了。为什么呢？因为我被利用起来了！人类是怎么办到的？他们修了水坝！

20 世纪 20 年代，一些工程师来这里考察，然后量了量尺寸。他们在寻找一条陡峭而坚固的峡谷。他们要做什么？我很快就能知道了。

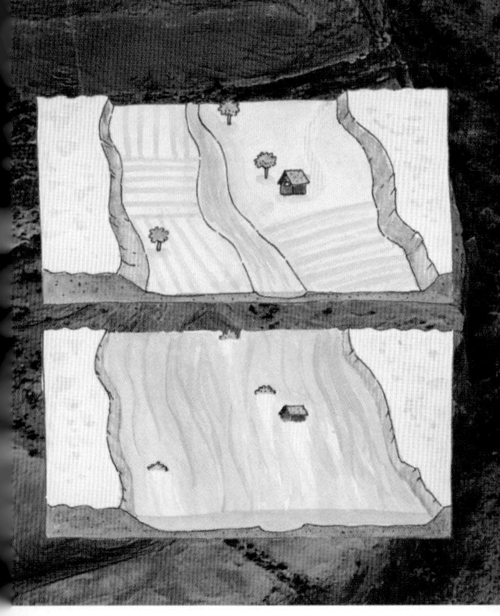

看到了吗？这是黑峡谷。过去的我一直都用最快的速度冲过这条深谷。

我们可能要用到炸药！
这真是一项大工程！

没过多久，好多人带着大机器来到了这里。他们用一种很搞笑的卡车在峭壁上挖隧道。卡车分成好多层，每一层都有很多电钻。钻完洞后，他们在洞里填上炸药，然后卡车开得远远的。“砰”的一声，岩石被炸开了。然后卡车又回到这里，继续钻洞。隧道挖好后，他们把装满碎石的卡车开到桥上，然后把所有石头都丢到我这里。

我还没反应过来，前面的路就被堵上了！我该怎么办？我想我只能走他们挖的这些隧道了。隧道里抹了厚厚的水泥，这样我就不会渗出去了。但这里面也太黑了！

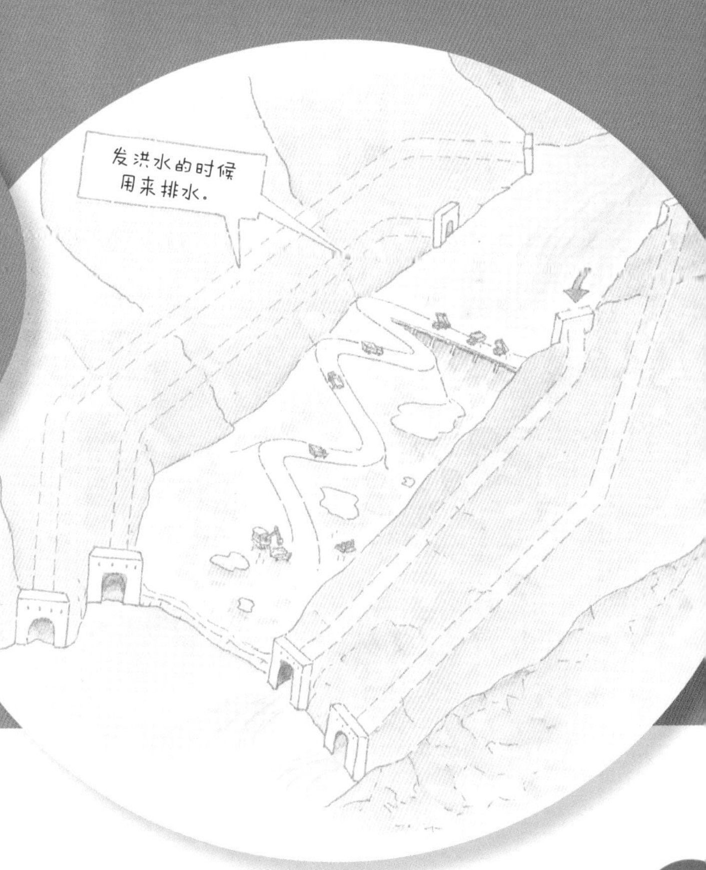

发洪水的时候用来排水。

哈哈，真是太有趣了！以前我就是从这一大片泥地上流过去的。
工人们坚硬的帽子是用两个帽子叠在一起做成的，上面还涂了焦油。
大型挖掘机把泥土和石子都挖走，它们可都是我以前的河床啊！工人们不停地向下挖了30多米，一直挖到坚硬的岩石才停止。

这些工人用长长的电缆把峡谷两边连接起来。在底部，他们开始建造一个个方形的木盒子，看上去就像一些巨大的模子。电缆把一桶桶混凝土运到木盒子里。他们一整天都在做这个工作！

工人们向一个又一个盒子里倒混凝土，不断摇晃，然后再往盒子里加混凝土，一直重复下去。每一桶混凝土只能让盒子上升 30 厘米。但工人们不停地重复这个工作，盒子里的混凝土也一点一点在长高。

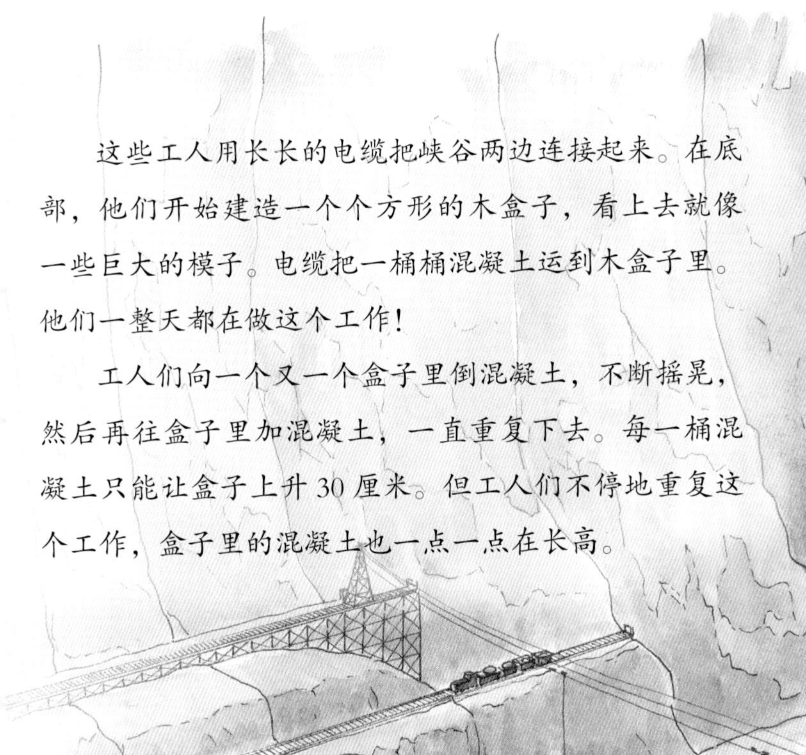

我甚至也帮了点忙！你看到混凝土里的水管了吗？我身体里的凉水流过这些管子能够帮助混凝土冷却、凝固。如果冷却得不均匀，混凝土就会产生裂缝。等混凝土完全凝固了，他们就往管子里注满水泥。

他们还在墙的后面建了几座高塔，在墙的前面修了很多楼房。

渐渐的，这项大工程开始成形。原来是个水坝！一个巨大的水坝！等等，这样我就被完全堵住了呀！然后我就会变成一个湖！这不公平！

用混凝土？
肯定没用的！

杰夫·哈特 绘
关于鱼的奇妙小知识
陆地的秘密——是什么呀？！
土地不会移动！它总是待在一个地方！
静止！
移动！
静止！
移动！
鱼儿不能在陆地上游泳！
咚！
土有时候会进到水里，形成泥。
一些住在水里的动物也能在陆地上生活！
许多生活在陆地上的动物都离不开水！

海底浊流

特雷西·布林克 文
安娜·拉夫 绘

普通的河流浩浩荡荡地流过陡峭的山谷，冲刷沙地平原。但有一种河流只在海底流淌，而且里面全是泥水。

一位潜水者正在探索红海里的一条泥河。

当河流在地面流动的时候，河流会带着泥土、碎石、沙子和黏土流进大海。所有的这些固态物质叫作沉积物。如果条件正好合适，河流带着沉积物汇入大海后，会变成海底浊流。

满是沉积物的水流进大海，就像发生雪崩一样。因为泥水比普通的海水更重，所以它会下沉到更低的位置。但仍然会像正常河流一样在海底流动。时间久了，流动的泥水会在海底冲出深深的河道。

海底浊流比陆地上的河流短，但它们会把大量的水和泥沙带进深海。

神秘的浊流

虽然浊流非常庞大，充满力量，但人们对它的了解并不多。很少有浊流被找到。为什么呢？首先，海底面积非常辽阔！地球表面的3/4都是海洋。目前为止，科学家们只找到了很小一部分的浊流。由于浊流全是泥水，所以没办法用声纳来探测，因为声纳只能用来发现坚硬的物体。

科学家们试过把传感器放进浊流里，但这些浊流的力量太强大了，传感器要么被撞碎，要么被冲走，再也找不到了。

一些科学家想通过在实验室里制造一条小浊流来了解它。为了观察泥流在水底的运动轨迹，科学家们把混有弹珠和沙子的水沿着一个斜坡倒进水缸里。这模拟了一条满是泥土的河流流经海底通道时的样子。这个实验让科学家们大概了解了浊流是怎么流动的，但比起真正的浊流，实验室里的模型浊流简直小太多了，所以它们的流动方式肯定还是有区别的。

从电缆里找线索

有时候，科学家们能意想不到地通过坏掉的海底电缆发现浊流！手机和网络信号都是通过海底长长的玻璃纤维电缆传输的。假如把其中的一根电缆铺到浊流

1 河流中的沉积物堆在海床或者大陆架上，大陆架是泡在海里的大陆的边缘。

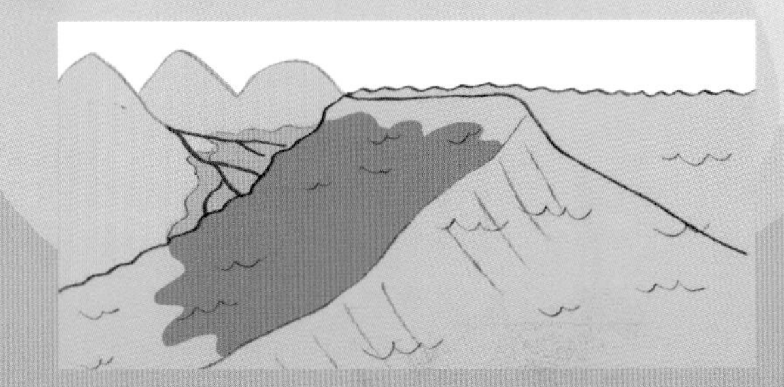

2 风暴、地震或者山体滑坡会让沉积物向下滑。

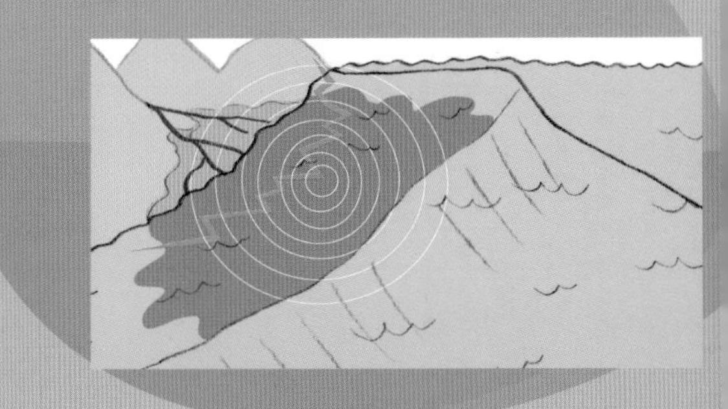

上，浊流再次流动，就会划破电缆。

科学家们还通过远程遥控潜艇，寻找隐藏的浊流。这些潜艇可以悬浮在浊流上面，它们的位置比较安全，但又离浊流足够近，能够清楚地拍摄和测量浊流。科学家们希望利用这些数据更好地了解浊流。

更好地了解浊流很重要。如果我们知道了它们的位置和运动轨迹，工程师们在铺电缆的时候就能避开浊流。科学家们希望，有一天人类能够像了解陆地上的河流一样，了解这些浊流。

潜水艇出发准备去寻找海底浊流。

3

大量混合着沉积物的海水像雪崩一样涌向海底河道，速度越来越快，力量越来越强。

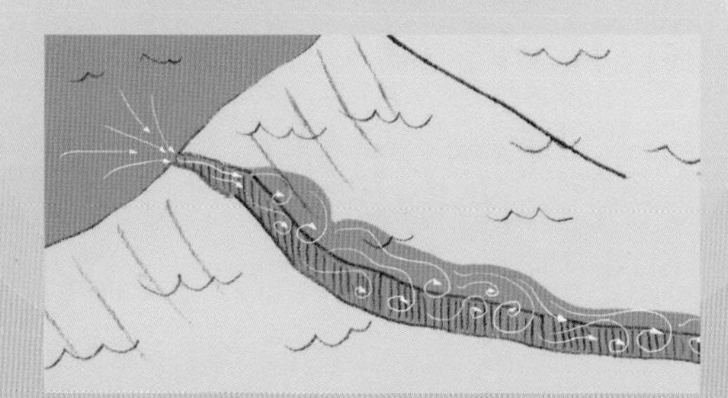

你问我答

艾伦·R. 布拉夫 文
迪恩·斯坦顿 绘

你好，我是吉米！我和虫虫要放个假，去环游世界。

但是我们的朋友塞奇和布拉尔也是智多星！所以……

有什么不懂的就问我们吧！

你好，塞奇！阿马莉想知道为什么小猫长着尖尖的耳朵。

是这样的，布拉尔，在猫科动物这个大家族中，宠物猫、狞猫和山猫都有着尖尖的耳朵。但很多其他的野外亲戚，比如狮子和老虎，却长着圆圆的耳朵。目前还没人知道这是为什么。

狞猫　宠物猫　山猫　狮子　老虎

尖耳朵听声音的方式是不是不一样？

有可能。猫的耳朵就像卫星天线。外耳接收声波后，把声音反弹给鼓膜。家猫可以听到非常微弱、尖细的声音，比如老鼠的吱吱声，这比狮子和老虎的圆耳朵厉害多了。

所以尖耳朵能让它们听到尖细的声音？

有可能，但我们也不确定。

还有别的说法吗？

尖耳朵也许只是一个意外！基因决定了耳朵的形状，基因里包含着父母传给子女的遗传信息。可能猫的祖先把这种奇怪的基因遗传给了自己的孩子，孩子们就长出了尖尖的耳朵。从此，这种基因就一代一代传下去了。

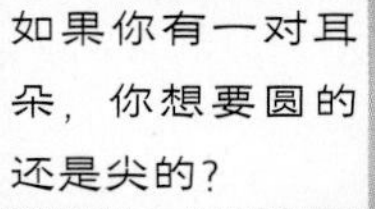

我长着尖尖的耳朵，因为这样比较可爱！

为什么你的耳朵长得这么有趣？

我也不知道！

我喜欢这个不解之谜！

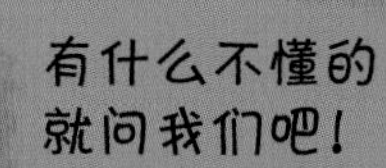

如果你有一对耳朵，你想要圆的还是尖的？

我有耳朵的！我的耳朵长在羽毛下面，这样，我飞行的时候就听不到那么多噪声了！

有什么不懂的就问我们吧！

马尔文和他的朋友们

索尔·威克斯特龙　绘